秋小兮◎著

我的押花时光

四季押花作品设计与制作图解

化学工业出版社
·北京·

内 容 简 介

　　本书以四季为框架，以二十四节气为脉络，随季节流转，选择应季的花材打造应时的押花作品，让读者在动手制作押花作品的同时，感受四季的变换，建立与自然的链接。书中的押花作品涵盖了现在流行的手机壳、耳坠、婚礼迎宾摆架、婚礼请柬、文具、台灯、团扇等，款式新颖，书中每个作品都有详细的材料说明和操作步骤，读者可轻松掌握，亲手打造高颜值的押花作品。

图书在版编目（CIP）数据

　　我的押花时光：四季押花作品设计与制作图解 / 秋

小兮著. —北京：化学工业出版社，2023.6

　　ISBN 978-7-122-43237-7

　　Ⅰ. ①我… Ⅱ. ①秋… Ⅲ. ①干燥－花卉－制作－图解 Ⅳ. ①TS938.99-64

　　中国国家版本馆 CIP 数据核字（2023）第 058722 号

责任编辑：孙晓梅　　　　　　　　　　　　　装帧设计：水长流文化
责任校对：张茜越

出版发行：化学工业出版社（北京市东城区青年湖南街 13 号　邮政编码 100011）
印　　装：北京宝隆世纪印刷有限公司
787mm×1092mm　1/16　印张 8½　字数 230 千字　2023 年 8 月北京第 1 版第 1 次印刷

购书咨询：010-64518888　　　　　　　　　　售后服务：010-64518899
网　　址：http://www.cip.com.cn

定　　价：68.00 元

自序

　　向往自然是人类的天性。身在城市中的我们，被困于钢筋水泥之间，内心渴望有一方"野地"生长，体味如花在野、不拒不追、不竞不随的生活状态，在有限的生命里享受肆意绽放、随性生长、温暖而热烈的生活。

　　押花作为一门花草中衍生出的艺术，为想要亲近自然的人们开辟了一片"野地"。在押花的世界里，热爱自然的人们可以尽情地亲近大自然的花草，亲手延续花草的生命，留住四季花朵灿烂盛开的美好瞬间。

　　押花将花植融入我们的日常生活之中：从种花养花开始，人们可以收获养花之乐、采花之乐、压花之乐、设计创作之乐、作品成就之乐，每个过程都让人乐在其中。在忙碌的生活中，在四季更替中，与花草为伴的押花可以帮我们慢下脚步，找回内心的宁静，感悟生活的哲学，连接自然与每个清雅简约的生命状态，回归如花在野的平静与力量，去扎根，去怒放。

　　现代人长期脱离自然，对于自然节律变化的感知度很低，本书以二十四节气为脉络，选用各节气应季的花草设计押花作品，帮读者重新建立与自然的链接，希望大家都能从中感知四季的更迭和生命的节律。

　　在撰写本书的这两年，我喜提了一个小生命，非常感谢家人在写书稿期间的支持与帮助！

　　如果读者能从本书中欣赏到花之芳容，学习到用押花将花植融入我们日常生活中的技能，体悟到观察自然、亲近自然的身心愉悦之感，我将不胜荣幸。希望我撰写的这本书能够给大家带去更多接触自然的机会与乐趣。

秋小分

前言

押花，英文名称为pressed flower，又被称为"压花"。它起源于植物标本，后逐渐演变发展为一门艺术。

押花艺术是将自然植物作为素材，经过整理、加工、脱水，最大限度地保存植物原有的色彩和形态，并经过创作者的精巧构思和艺术设计，在平面载体上或者胶质体内固定粘贴制作成艺术品的一种艺术形式。植物的根、茎、叶、花、果等都可以作为押花材料，其天然的色泽与质感非一般颜料可比拟。

押花艺术是一门高雅又容易融入大众的艺术，易学难精。作为艺术，其要求极高，故难精。但作为普通人DIY的消遣，它是比较容易学的。

押花令人着迷之处还在于它的多元化。作为一门艺术，在美国、韩国等国家，它可以和其他主流艺术，如水彩、油画、粉彩等一起参加国际艺术比赛。而作为一种消遣手作，它又非常生活化，非常平易近人。它融植物学和美学于一体，返璞归真。在闲暇时间，静下心来，选几支小花、几片绿叶进行押花制作，能有效缓解现代快节奏生活下人们的内心压力，亦能修身养性，老少皆宜。

押花艺术除了能为普通人的生活带来艺术的美感和快乐，也具有较强的商业潜力。

对个人而言，押花可以作为自己的第二职业，为自己带来额外的经济收益。

对于商家而言，押花是增加商业营收的有效手段。传统的实体商城通过开展各类押花手作体验课程，能有效地增加顾客到店的互动性与参与感，吸引消费者到店消费；花店开设押花艺术课程，除了可以丰富花店DIY课程的内容，还可以有效利用店内的花材，减少花材损耗造成的经济损失，比如折枝、滞销的花材都可以成为押花艺术品的材料。

押花艺术起源于19世纪的西欧，曾是流行于上流社会的闲暇娱乐活动，摩纳哥王妃就对押花艺术情有独钟。押花艺术于20世纪70年代进入亚洲，在日本发展最为迅速，日本家庭以收藏有精美押花作品为荣耀之事。

在我国，现代押花艺术的起步较晚，普及度还较低。但近几年，随着自媒体平台的兴起，押花艺术在我国得到了快速发展，越来越多的国人了解到了这项雅致、美好的艺术，爱好者和从业者都有了显著增加。也有越来越多的高校将其作为辅修课程进行教学和传播。希望今后能有越来越多的人了解到押花这门古老又现代的艺术，感受与花植为伴的乐趣。

目录

第 **1** 章

押花工具与材料

1.1 采花的工具和材料

押花的第一步是采集花材，采集花材时根据花材软硬度的不同，需要用到不同的剪刀。采集到的花材，为了避免失水，需要密封盒等进行收纳保存。

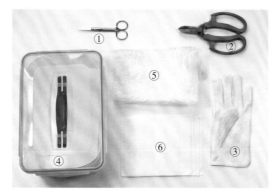

① 医用手术剪：剪细软的花、枝、叶。

② 枝剪：剪粗硬的枝。

③ 手套：保护手，可戴着剪带刺的花。

④ 密封盒：放采集的花材。

⑤ 塑料袋：装工具或花材。

⑥ 餐巾纸：用清水打湿，用于给采下来的花材保湿。

1.2 压花的工具和材料

1.2.1 花材解剖的工具

花材压制前，先要对其进行解剖处理，将其变成薄片，方便压制。主要工具如下图。

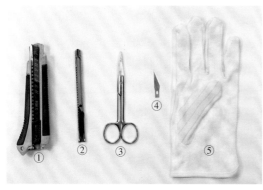

① 大美工刀：解剖粗枝、大叶。

② 小美工刀：解剖小枝、小叶。

③ 医用手术剪：剪断花枝和叶片。

④ 刻刀：解剖细小的花、枝、叶。

⑤ 手套：在用刀的过程中保护手。

1.2.2 花材干燥的工具和材料

最常用的花材干燥工具是押花器，将花材处理成薄片后一层层平铺叠放在其中，可快速压干水分。一套押花器由下图的6个部分组成。

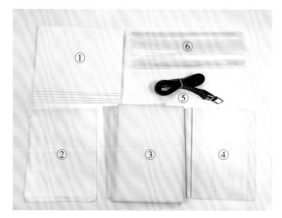

① 干燥板（核心）：厚为佳（3mm），久用粉末少为宜。干燥板具有很强的吸水能力，在密封条件下可快速吸收花、果、蔬、草里的水分使其干燥。平时不用时务必存放在密封袋里。

② 衬纸：光滑柔薄，遇水会浸湿，尺寸跟押花器保持一致，也可以用餐巾纸代替。（注：如果压制糖分大的瓜果类，需把衬纸换成欧根纱，压制步骤不变）

③ 海绵：使薄厚不均匀的花材受力均匀，增加空间弹性，避免花材卷缩褶皱。

④ 夹板：上下固定和保护内部结构。

⑤ 绑带：绑定并给予内部压力，便于押花器移动或外出携带。

⑥ 平口袋/密封袋：用于密封，避免干燥板吸收空气中的水分。

在想要立体干燥花材时，可以选用干燥沙或硅胶干燥剂等材料进行干燥。

① 干燥沙

② 硅胶干燥剂

1.2.3 干燥花材的收纳工具

花材干燥完成后，需要及时密封保存，避免受潮。

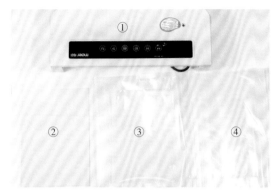

① 真空机：把真空袋里的空气抽出。

② 硫酸纸：把干燥的花材包好保存。

③ 真空袋：借助真空机密封压干的花材，常用的有带网纹的和平滑的，有各种规格。

④ 密封袋：手动密封干燥的花材，有各种规格。

1.3 押花作品制作的工具和材料

制作押花作品时，需要用到各种剪刀、钳子等，对花材和其他押花材料进行处理。

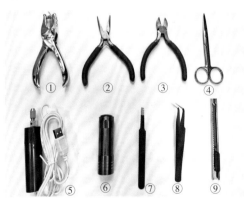

① 打孔器：给押花书签等打孔。

② 尖嘴钳：做押花饰品时，用于掰拉、弯折金属物件。

③ 平口钳：做押花饰品时，用于剪银丝、铁丝等金属材料。

④ 医用手术剪：用于剪裁轻薄的花材、卡纸等。

⑤ 手持电磨机：可更换多种钻头，用于打孔、打磨等。

⑥ 紫光手电筒：用于固化UV胶，小巧、便携。

⑦ 镊子（平头）：用于夹取花材。

⑧ 镊子（尖头）：用于夹取花材。

⑨ 美工刀：用于解剖花材、裁切纸张等。

制作押花作品时，粘贴花材、密封花材需要用到各种胶。

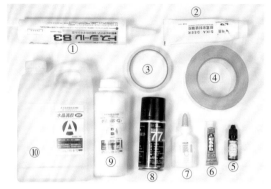

① 东芝GE83中性玻璃胶：密封防腐、防霉，主要是用于衬布膜的作品。

② 防霉密封玻璃胶。

③ 双面胶：用于粘贴花材。

④ 铝箔胶带：用于密封押花画。

⑤ UV胶：分硬胶和软胶、稠胶和清胶，搭配紫光灯（紫外线灯）使用，固化快（阳光中的紫外线也可使其固化，但比较慢）。

⑥ JRE600胶水。

⑦ 手工白乳胶：用于粘贴花材，将少许胶点在花材上，让花粘贴在载体上。

⑧ 喷胶：用于粘贴布膜类。

⑨ B胶⑩A胶：AB胶用于制作水晶滴胶押花作品，使用时将A胶、B胶按照A：B＝3：1（重量比）或A：B＝2：1（体积比）的比例混合后，用搅拌棒顺时针或逆时针搅拌均匀，以观之没有丝状，清澈透明为宜。之后消除气泡，即可使用。

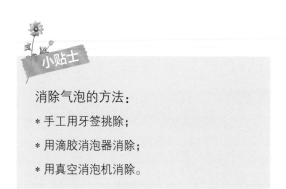

小贴士

消除气泡的方法：

* 手工用牙签挑除；

* 用滴胶消泡器消除；

* 用真空消泡机消除。

押花时还需要一些固定、固化等辅助工具。

① 玻璃胶枪：密封押花画。

② 气钉枪：押花画相框装裱时固定相框背板。

③ 紫光灯：固化UV胶。

④ 熨斗：做花植笔记本时熨烫膜，使之服帖。

⑤ 真空泵：用于押花画真空密封。

⑥ 裁纸机：裁剪纸张。

⑦ 过塑机：搭配过塑膜过塑书签、贺卡类轻薄的押花作品。

1.4 押花作品保存的工具和材料

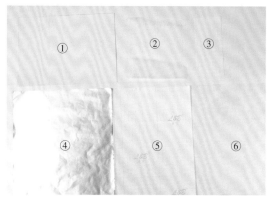

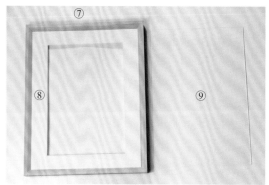

① 双面胶膜：自带两面黏性，可用于团扇或者台灯密封。

② 内衬膜：半透明布膜，比塑料膜有质感。用来密封团扇或者台灯等。

③ 洞洞膜：膜面上有很多小气孔，略带黏性，搭配熨斗或者热塑使用，黏性更大。

④ 铝箔膜：押花画密封用。

⑤ 冷裱膜：自带黏性，用于书签、请柬、贺卡类作品密封，也可用于团扇密封。

⑥ 过塑膜：没有黏性，需要借助过塑机才能密封，主要用于卡片类薄的押花作品密封。

⑦ 相框：装裱押花画。

⑧ 框纸：装裱押花画，美化与增加相框层次感。

⑨ 玻璃：装裱押花画。

第 2 章

押花花材的干燥保色过程

2.1 花材的选择

押花花材的选择原则是：观赏性较好，在形、色、质、纹理等方面具有一定美感；便于压制、干燥；压干后能保持相应美感；综合稳定性强。自然界中的叶片、花瓣、柔软轻盈的枝条花序、盛开的花朵、薄树皮、有硬度的枝条茎段、果实、蔬菜等都可以作为押花花材。可跟随季节变化，随时收集身边的植物素材，压制、保存后备用。

秋叶

绣球

柔软轻盈的花序

盛开的玛格丽特花

盛开的复色美女樱

盛开的单瓣蔷薇

珍珠金合欢（珍珠相思）、蒿叶

薄树皮

水果

下面是几种常用的押花花材。

茶梅　　　　　　　　　　　　　　　　　美女樱

扭管花　　　　　　　　　　　　　　　　虞美人

九里明（小舌菊）　　　　　水杉叶　　　　　　　芭蕉叶

勿忘草

柳叶鼠尾草

粉蝶花

兔子堇

香豌豆

一年蓬

波斯菊

大丽花

蔷薇

新西兰麻

白晶菊/角堇

洋甘菊

绣球

苏里南朱缨花

2.2 花材的采集

花材的采集分两种方式：一是现采现压；二是带着工具野外采集后带回来压。采集花材应选择晴朗天气，最佳采集时间是上午9~10点，下午4~7点。中午时分阳光强，植物蒸腾作用旺盛，容易蔫，不适合采集。

采集花材前需要准备密封箱（或者塑料袋、密封袋、一次性饭盒）、剪刀、餐巾纸等工具。用清水将几张餐巾纸完全打湿，平铺在密封箱内，可起到保鲜的作用，但注意水量不要过多，密封箱内不能积水。正式采集时，用剪刀将选取的花材剪下，切勿整株拔起。花朵宜采集刚开放的，采下的花材要迅速放入密封箱。采完后盖上密封箱盖，带回家尽快压制。如果来不及压制，可将其先存放至冰箱冷藏，一般24小时内可保持新鲜。

注意

野外自然生长的植物不可毁灭性地采集，不可采集一切国家禁止采集的保护植物。一次不宜采集过多，够押花器压制即可，避免浪费。

2.3 花材的分解

对于一些较大、较厚、花瓣较多的花材，压制前须做解剖处理，将其分解，方便压制。

2.3.1 单瓣和复瓣量少的花材可直接摊平后整体压制

玛格丽特（木茼蒿）、绣球、黑眼苏珊（翼叶山牵牛）、姬小菊、大/小飞燕草、鼠曲草、垂丝海棠、黄鹌菜、单瓣蔷薇、蓝雪花、紫柳（墨西哥鼠尾草）等植物的花，蕨、唐松草、翠云草等植物的叶片，整体较薄，可直接将其整理平整后整体压制。

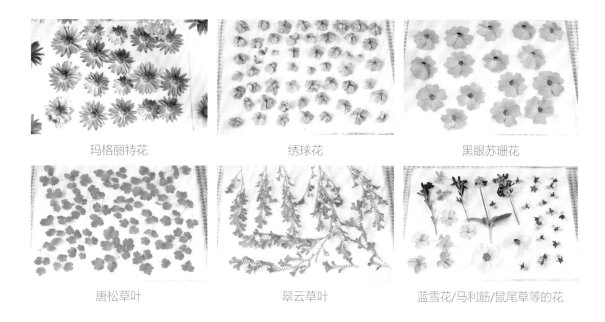

玛格丽特花 　　　　　　绣球花 　　　　　　黑眼苏珊花

唐松草叶 　　　　　　翠云草叶 　　　　　　蓝雪花/马利筋/鼠尾草等的花

2.3.2 粗大、厚肉质的花材须做细致解剖后再压制

　　向日葵之类的植物，花朵硕大且比较厚，直接压比较难压干。这类花材压制前要进行解剖处理。下面讲解向日葵的解剖方法，该方法也适用于其他植物，比如非洲菊、虞美人、银莲花、郁金香、马蹄莲、萱草花等。

（1）花朵处理

用美工刀削去一部分花萼，注意别把花瓣削散，可少量多次削。

削好后用牙签在削口处戳一些孔洞，破坏内部细胞，加快脱水速度。

（2）花苞、半开花朵、枝干处理

用美工刀将枝干从中间纵向剖开，一分为二。

把花心取掉一部分，压出来花材会更薄。如果枝干肉质性、水分大，可用拇指指甲将肉质刮去。

（3）解剖前后对比 （4）摆放整齐，准备压制

左边未解剖，右边已解剖。

2.3.3 重瓣且花瓣多的花朵要一瓣瓣拆开后压制

玫瑰、大丽花、康乃馨、洋桔梗等植物的花朵花瓣很多，压制前要将花朵一瓣瓣地分解开。待压干后做作品时再重新组合。

康乃馨花材分解

大丽花花材分解

2.4 花材的染色

花材的染色方法有吸染、涂染、喷染、浸染、煮染等，鲜花活体吸染比较自然，不易掉色。

染色剂有固体和液体的，染后效果受植物特性（不同植物吸染效果不一样）、染液温度等因素影响。吸色深浅可通过颜料与水的比例变化来改变。

花材的染色步骤

根据需要购买喜欢的染色剂。

按照需要的颜色深浅做染剂配比，把颜料倒入试管里，加入28～31℃的温水（温水可加速且充分溶解颜料），搅拌或者盖上试管盖子摇晃，颜料完全溶解后即可使用。

选择白色的花。把白色的玛格丽特和洋甘菊枝条剪斜口，插到染液里，吸染时间可根据花瓣吸染效果而定，一般2～3个小时即可染上色，也可延长吸染时长，但吸染时长也不宜过长，需根据花材耐受度来定。

此组吸染时长延长了6个小时，上色后可以看出，玛格丽特耐受度比洋甘菊好，洋甘菊吸染过度后已经发蔫（如果轻微蔫的话，可以斜剪掉一段花枝，插到清水里拯救复活一下）。

小贴士

如果想要加快吸染速度，可采用以下方法：

① 加大染剂浓度；

② 染剂保持恒温28～30℃；

③ 染前把花材搁置至有点脱水的状态再插入染剂。

2.5 花材的压制和立体干燥

2.5.1 花材的压制

用押花器压制花材方便、快捷，是押花时最常用的方法。首先准备一套押花器和新鲜花材，押花器推荐常规尺寸A4左右大小的，太小的不方便压长枝条的花材。压制前应了解并分解花材，使其尽可能薄而且平展，方便压制。

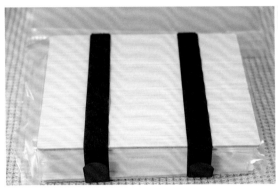

整理解剖花材时，干燥板先放在密封袋里，因为整理花材的时间较长，过早拿出来，干燥板会吸收空气中的水分，从而降低其压花时的吸水效果。

（1）花材压制流程

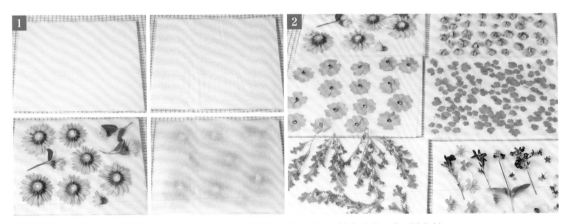

按照海绵——衬纸——花材——衬纸的顺序将分解好的花草整齐摆放好，不要相互重叠。整理好一层花。

按照流程1的方法整理好6层花材。

整理好全部花材后再拿出干燥板，底部放一块夹板。抬一层花材，放一块干燥板，重复这个操作将6层花材全部放好。

花材全部摆放好后，放上最上面的夹板。

用绑带压紧绑实押花器（有时需要手脚并用，膝盖跪压拉紧！压力才够）。干燥板一直在吸潮，不要长时间暴露空气里，快速放入密封袋里密封好（里面的空气尽量排出来），放置在密封箱或干燥环境中等待干燥，水分少的花材一般3天左右干燥完成，水分大的的花材5天左右干燥完成（中途换干燥板可加快干燥速度），在南方冬季比夏季干得慢。

（2）水果压制流程

整体流程和压草花基本一样，注意以下几点即可。

衬纸换成欧根纱。

水果片切成1~2mm厚的薄片（厚薄适中）。

切好后的水果片放在餐巾纸上摊开阴晾2个小时左右再压。让纸巾吸收一些水分。

挪到欧根纱上进行整理。

放入干燥板中压制。等待干燥的过程中每天更换1次干燥板，1周左右即可完全干燥。

（3）干燥板还原干燥

干燥板吸潮后会变软，需要还原干燥，去除湿气后才可以再次使用。常用的干燥板还原方式如下。

 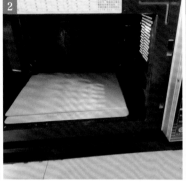 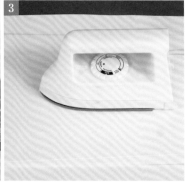

家用烤箱还原

将烤箱温度调至80℃左右，加热30分钟左右，一次可加热多片。取出看一下，如果干燥板还没干透，可以再继续烤一会儿，控制好时间。还原干燥后放入密封袋里备用。切勿直接暴露在空气里。

家用微波炉加热还原

将干燥板放进微波炉，中高火加热1~2分钟。如干燥板还有些软，可以再次放进去重复以上步骤。一次只加热一片。干燥板第一次加热后拿出时温度较高，建议佩戴防烫手套，小心烫手。干燥还原完成后放进密封袋中备用。

熨斗还原

将熨斗调至熨烫丝和棉的温度之间，不要使用蒸汽挡，可以在不同位置稍停留2~3秒，慢慢地移动位置，直到干燥板硬挺。还是一次只还原一片，这个方法相对慢且麻烦。

注意

干燥板用吹风机吹不干，太阳也晒不干！比较推荐使用烤箱。

小贴士

① 压花前看一下干燥板是否需要还原。没还原的干燥板吸湿力很差，用了花材也不会干。

② 还原后的干燥板硬挺干脆，使用时别弄折。

③ 长时间不使用干燥板时，要将里面的花材取出存放，并将干燥板还原后密封保存。

2.5.2 花材的立体干燥

需要将花朵整体进行干燥、制作立体干燥花时，可以采用干燥沙/硅胶干燥保色法。干燥沙干燥保色法操作步骤如下。

 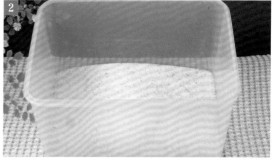

选择粉尘少的干燥沙，已经使用过的干燥沙需要还原干燥。

在密封箱底部倒一层干燥的干燥沙。

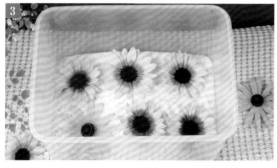 

把采集来的花朵正面向上，放在干燥沙上，不要重叠。

把干燥沙从花材空隙间慢慢倒入。

缓缓淹没花朵，保持花瓣挺立状态，将其完全掩埋。

将花朵全部淹没后盖上密封盒盖，等待1周左右，中途尽量不要打开。

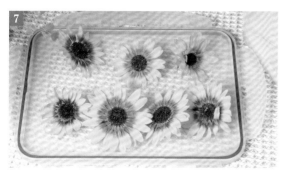

1周后，把花材取出，轻轻抖掉干燥沙即可使用。

下图为用干燥沙干燥好的大丽花和月季，非常立体，颜色、形态都很自然。

2.6 花材的保存

压制、干燥好的押花材料需要防氧、防潮、防紫外线，低温干燥保存。具体方法如下。

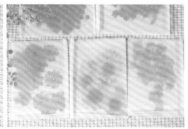

确认花材已压干（拿起来不弯软，状态干、脆）。

把压干的花材用硫酸纸包好，分类整理。

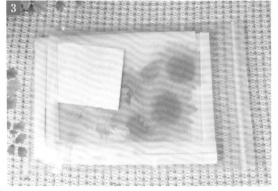

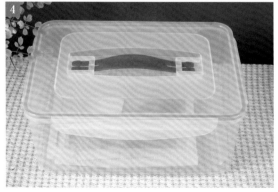

将用硫酸纸包好的花材放进密封袋，密封袋里放干燥剂，把里面的空气尽量排出来后密封好（定期换干燥剂，保持内部环境干燥）。也可把手动密封袋换成真空袋密封保存。

将密封袋放入密封箱保存备用，密封箱里也放一些干燥剂（定期更换干燥剂，保持内部环境干燥）。也可放在低温干燥箱里密封保存。

押花作品的构思创作方法 第3章

3.1 确定创作目标的方法

任何艺术创作首先都需要明确创作意图，确定主题和表现内容（正如写作文，有标题立意一样），以此来指导整体的创作过程，押花艺术创作也是如此。

押花艺术的表现形式有很多种，按照画面内容和表现主体可分为具象型和抽象型。

具象型是指画面内容反映真实景物的形象和关系，包括风景式、花鸟式、动物式、静物式、人物式、花卉式、自然式等多种形式。

抽象型是指画面内容反映事物的抽象概念或者关系。包括图形式和自由式。

对押花艺术作品进行构思时，可根据押花艺术品的用途进行构思，或是根据现有的压花材料进行构思，亦可自由构思。创作主体可借助整体造型、基本色调、万物习性、花语花意、诗词意境等来表现主题。

动物式

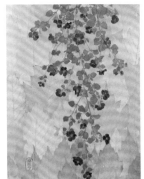

花卉式

花鸟式

人物式

图形式（1）

自由式

图形式（2）

| 万物习性 | 诗词意境 | 基本色调 |

3.2 构图方法

构图就是将形、线、色等要素依据表现形式，在有限的画幅空间内进行合理安排，以达到最佳的艺术效果，为主题服务。要使平面造型的花材在比较小的画幅上表现出较为生动的艺术效果，就需要掌握构图的基本方法，了解和运用押花构图的一些基本原则和方法。

（1）构图的基本原则

① 构图的中心不宜过多。否则画面过于松散、杂乱。对于小幅押花作品，焦点要唯一；对于大幅押花作品，则可以在主焦点外增加1～2个副焦点，使画面更丰富生动。

② 利用花材点、线、面的形态特点，有机结合，以达到画面的动态平衡。

③ 力求画面重心平稳。

④ 花材的数量要适中。花量过多臃肿，过少又松懈。

⑤ 用花材做不同层次的部分重叠。

⑥ 注重虚实比例。在通过花材占据空间时，还要考虑通过距离释放空间（留白遐思）。

⑦ 恰当地运用色彩理论进行合理搭配。

⑧ 作品与背景搭配运用巧妙。

⑨ 对于大幅押花作品要把握景深关系，创造空间效果。在构图时着力处理好近景、中景和远景的关系，做到"远取其势，近取其质"。远小且虚，近大且实。

⑩ 注意细节问题，查漏补缺。应注意避免将同类花材呈直线或者等间距排布，枝、叶摆放宜斜不宜直，相近枝条不宜成平行关系等。

⑪ 充分发挥花材团状、点状、线状等形态的优越性。

（2）构图的基本方法

① 图形构图法

图形构图法是按照一定的几何图形或字母图形设计画面的构图方法。常用的几何图形有圆形、弯月形、椭圆形、拱形、环形、扇形、三角形、正方形、心形和菱形等，常用的字母图形有A形、C形、S形、L形、T形、U形等。图形构图法多用于押花画、押花卡片、押花封面等的创作。此类作品画面结构紧凑，变化具有规律性，节奏感强，富于装饰性。

圆形

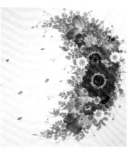
弯月形

心形

字母

② 摄影取景构图法

摄影取景构图法是一种模拟摄影取景,以真实的景、人、物等为表现对象,按照其客观存在的状态以及环境构成的相互关系进行框景抓拍的构图方法。适合表现山川河流、街景、家具、自然事物等。

③ 创意构图法

根据作者的构思,将各种造型按照主题与表现形式的需要进行布局,在某种程度上脱离其真实形态的构图方法。包括概括创意构图法、组合创意构图法、自由创意构图法。

摄影取景构图法

概括创意构图法

自由创意构图法

组合创意构图法

第 **4** 章

四季里的押花时光

春天

春天是万物复苏的季节，
带着人世可期的美好，
四季由此开始新的轮回。

立春节气押花——报春花
（公历2月3—5日）

　　立春是二十四节气之首，"立"是"开始"的意思，代表着冬去春归来。立春时节，报春花犹如春天的信使，告知人们春天到来的消息。报春花的花朵自然、清新、甜美，自带无限的活力和希望。静赏这幅作品，能感受到花朵散发出的春天的气息，它能驱散一切阴霾和寒冷，为人们带来温暖和快乐。

🐝 团扇造型押花书签

南宋张栻在《立春偶成》中写道：
"律回岁晚冰霜少，春到人间草木知。
便觉眼前生意满，东风吹水绿参差。"
立春是二十四节气之首，昭示着春回大
地，草木复苏。立春时节，采集早春盛
开的紫花地丁和野豌豆，押制成一枚小
小的书签，留住春归来的踪迹！

花材

① 紫花地丁花
② 野豌豆叶

* 制作押花书签时花材不宜选厚的，选薄的花才好密封。

制作步骤

准备好团扇造型的书签。

将野豌豆叶高低错落地摆放在圆扇面上，用手工白乳胶粘好。野豌豆的叶子自带灵动感，细细弯弯的卷须，能让整体画面生动起来。

再将花苞、半开、盛开的紫花地丁花穿插到野豌豆叶间，高低错落地排布后，用手工白乳胶粘好。

做好的书签可以用过塑膜和冷裱膜密封，我们这里选用亚光冷裱膜来密封。将冷裱膜离型纸掀开，把书签放入其中，使带胶的那面覆盖住整个书签面。

将一张空白A4纸对折，把带膜的书签夹在纸中。

将A4纸夹着的书签拿到过塑机里过塑（可以热塑也可以冷塑），过塑后花面会比较服帖。没有过塑机的话，可以用硬卡片把膜面内的空气赶掉，花面服帖即可。

把边上多余的膜沿着团扇边缘剪掉。

用打孔器在扇柄底部位置打个孔。

在打孔处系上流苏，完成。

同样的方法还可以做其他花的团扇书签，大家可根据个人喜好自行尝试。

雨水节气押花——油菜花

（公历2月18—20日）

　　进入雨水节气，降雨开始增加，北方尚未入春，南方已开始呈现草萌花开的景象，清新的油菜花已花开满地黄，明亮的颜色、淡淡的花香，置身其中，如同徜徉在金色的海洋，让人沉浸其中，流连忘返……

押花台灯

在复古的木质台灯表面贴上各种压制好的花材，质朴的台灯摇身一变，成为精美的自然风艺术品。开灯的瞬间，花影婆娑，为宁静的夜晚平添了温柔和浪漫的气息。

花材

① 蓼
② 紫菀
③ 二月兰
④ 萼距花
⑤ 唐松草叶

制作步骤

准备一个没有图案的空白灯，这是个梯形多面灯，每个面可以贴不同的花材。

先用二月兰花做一个面，采用对角线构图，整体自然倾斜，营造自然生长的氛围。

接着用萼距花做一个面，整体直立，花繁叶茂。

然后用紫菀花做一个面，整体稍微倾斜些。

用蓼花做一个面，整体直立，线条有直有斜，自然灵动。

最后用唐松草叶做个顶面。

全部花材设计粘贴好。

裁剪4张跟台灯梯形面一样大小的双面胶纸和稍大的衬布膜。

先密封一个面。撕掉一面双面胶纸离型纸，对齐边缘贴好灯面。

按压服帖后，撕掉另外一面离型纸。

接着把衬布膜贴到双面胶纸上。

裁剪多余的衬布膜，即可完成一个面的密封。其余面重复上述操作，一一密封，密封完成后，安上灯头，插上电源即可使用。

其他押花台灯案例展示

惊蛰节气押花——原生郁金香
（公历3月5—7日）

原生郁金香虽不如园艺郁金香华丽，但它们复花性好、花量大、耐寒性强。养一盆原生郁金香，每年早春时节，纤细而有力量的花茎上方，小而美的花朵迎着春风开放。采下花朵制作一幅押花画，属于自己的小确幸即刻拥有。

🌿 押花婚礼请柬

　　从前，车马很慢，书信很远，一生只够爱一人。随着科技的进步，人们的联系越来越方便，但感情却似乎越来越疏远。群发的信息缺少了古代"鸿雁传书""驿寄梅花""鱼传尺素"的仪式感与浪漫感，无法打动人心。在婚礼这个特殊而浪漫的时刻，郑重地亲手做一封装满鲜花的结婚请柬，用花开的浪漫，为亲友带去幸福的气息和真诚的邀约之心。

花材

① 铁筷子
② 绣球花
③ 粉边绣球花
④ 单瓣绣线菊（染色）
⑤ 重瓣绣线菊（染色）
⑥ 蕨叶
⑦ 野豌豆须

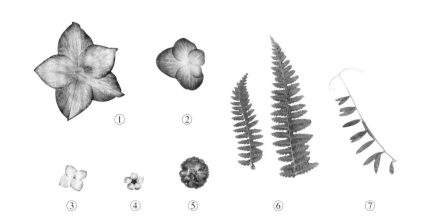

① ②

③ ④ ⑤ ⑥ ⑦

制作步骤

准备一套请柬。

把请柬主页放在信封套里，在镂空位置露出的白色卡片的位置贴花。

先用蕨叶打底，根据空间错落开，留一些白。

加入野豌豆须，让整体灵动些。

在主焦点的位置放一朵铁筷子作为主花。

再加入单瓣绣线菊、重瓣绣线菊和两种绣球花作为配花，让整体画面丰富且更有层次感。

将贴好花的请柬主页拿出来，用冷裱膜或过塑膜将作品覆盖密封。

放入过塑机过塑。

请柬主页过塑好后修剪一下四边，再装入信封壳，即可完成。

下面是押花请柬的其他应用案例。除了结婚请柬之外，押花也可以用于制作生日贺卡、婚礼迎宾摆架、聚会邀请函、信封封面、卡套等。

春分节气押花——垂丝海棠
（公历3月20—22日）

　　垂丝海棠是早春常见的观花树，宋代任希夷在《垂丝海棠》中写道"花如剪彩层层见，枝似轻丝袅袅垂"，形象地描写了其花朵繁茂、花梗纤细低垂的姿态。早春时节，一颗颗粉嫩的花蕾，如同娇羞的少女，悄悄地在叶间探出头来，清新的香气引来蝴蝶翩翩起舞，形成一幅唯美的蝶恋花的图景。

🌿 押花手账本

　　玩手账是很多年轻人的爱好，好看的手账本往往价格不菲。既想要漂亮的手账本，又不想让钱包破费，可以尝试自己DIY，轻松将自然之美封印到其中，获得独一无二的精美手账本。

花材

① 萼距花

② 接骨木花（染色）

③ 蒿叶

④ 蓝花楹叶

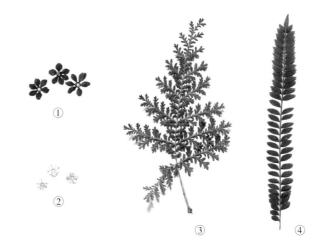

制作步骤

选择一本浅色封面的笔记本，用双面胶圈比着放一圈萼距花（也可以用圆规画个圆圈，比着放花）。

拿掉双面胶圈，用手工白乳胶把花粘贴好。

在萼距花之间加入一点大小适宜的蒿叶。

加入三朵黄色接骨木花，与紫色萼距花形成对比色。

侧边空隙间加入小片的蓝花楹叶，增加层次。

左下方空的位置加3组小的花叶组合，丰富整体画面。

选用洞洞膜（或冷裱膜），将离型纸撕开后贴在粘好花的封面上。

用一张棉柔巾覆盖住笔记本封面。

用加热好的熨斗熨烫笔记本表面，熨4秒提起，换个位置熨4秒再提起，不断重复，直至整个笔记本表面都熨到了。

拿开棉柔巾检查熨烫情况，熨烫不到位可返回继续熨，用手按压几下有花的位置，直至服帖。

沿着笔记本的角将膜纸的四个角剪掉。

将膜纸的四个边扣回到笔记本壳内侧，按压服帖，也可以再盖上棉柔巾，熨一下内侧，作品完成。

清明节气押花——紫藤

（公历4月4—6日）

    爱与思念和春天一样纯真。清明时节一到，气清景明，万物皆显，处处给人风朗气清、清新爽朗之感。紫藤花已开，清新淡雅，小蝶萦绕，这春风十里，也不及你低头的温柔。

🦋 押花滴胶手机壳

    蕨菜是我国人民在清明时节常吃的一种野菜，我国古代采食蕨菜的历史相当久远，《诗经·召南·草虫》便有"陟彼南山，言采其蕨"的诗句。过了清明，蕨菜叶片展开，就不适合食用了，但此时的蕨叶形态优美。可采集下来，与蒿叶一起制作成滴胶手机壳，将这春日清新的美随身携带。

花材

① 蒿叶
② 蕨叶

① ②

制作步骤

准备一个带凹槽的手机壳。

选用几片大小不一的蕨叶和蒿叶，按对角线构图设计摆好后，用手工白乳胶粘贴好，注意检查一下不要有翘起的地方。

裁剪去边缘多余的叶片。

处理好后先放入装有干燥剂的密封袋里干燥半天，干燥处理完后再做密封处理。

灌胶。将手机壳放在桌面上，把按比例混合好的AB胶倒入手机凹槽里。注意桌面水平，避免胶斜漏溢胶。

用搅拌棒把胶引流至边缘、角落。

用牙签把气泡挑出。

灌好胶后，将手机壳用罩子罩好，静置1天。

胶凝固后，作品完成。

萼距花押花滴胶果盘

果盘是居家常用的一件物品，在一个透明果盘盘底放入细碎的小花，用滴胶密封，平平无奇的果盘摇身一变，成为一个极具装饰性的艺术品，为日常生活增添了仪式感和浪漫气息。

制作步骤

选用一个底部带有凹槽的透明果盘。

把盘子翻到背面，在底部凹槽里缓缓倒入按比例混合好的AB胶。把控好量，可以少量多次添加，避免溢出。

抬起盘子，360度倾斜转动，使胶铺满凹槽底部。

若胶内有气泡或者胶有不匀称的地方，可以用牙签辅助操作，挑掉气泡，将胶铺匀。

将盘子放平，将压制好的蕚距花平铺在胶层上。

将盘子用罩子罩好，静置半天，等胶固化。

胶固化后，再倒第二层胶，过程中的气泡及时清除。

再将盘子罩起来，静置一天。

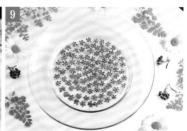

胶完全固化后，即可使用。

生活中的其他滴胶押花应用
——各种滴胶押花卡套

谷雨节气押花——牡丹
（公历4月19—21日）

　　民谚道"谷雨三朝看牡丹"，意思是说谷雨后三日正是观赏牡丹的完美时期。所以，牡丹又被称为"谷雨花"。牡丹花富丽、端庄，唐代刘禹锡在《赏牡丹》一诗中写道："庭前芍药妖无格，池上芙蕖净少情。唯有牡丹真国色，花开时节动京城。"但国色天香的牡丹，花期却很短，这个作品用押花的方式定格了它花开的美丽姿态。

福禄考花押花鼠标垫

用城市花坛里常见的福禄考的花朵，押制成一张花朵盛开的押花鼠标垫，点亮你的办公桌，为忙碌的办公生活带来一抹自然植物的清新气息，缓解工作的疲劳。

制作步骤

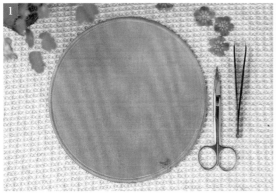

准备一张圆形的空白鼠标垫。

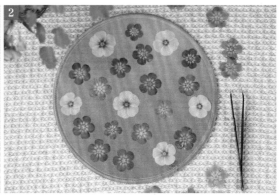

将紫色和白色的福禄考花疏密有致地放置在垫子上，中心位置放一朵大的白色花，起到提亮效果。

把紫色的小福禄考花剪成两半。

将分剪好的花放在垫子边缘处。

用冷裱膜贴好，贴的时候注意拉好膜，避免褶皱、气泡、静电，赶压膜表面使其平整。

剪去边缘多余的膜即可完成。

🌿 蔷薇花滴胶标本

    宋代张玉娘在《暮春闻莺》中写道"膏雨初干风日晴，绿阴深处一声莺。唤回午枕伤春梦，起向蔷薇花下行"。谷雨时节，已是春末，连春接夏的蔷薇花开始绽放。在爬满花架的蔷薇枝头采几朵早早绽放的粉嫩的花朵，制成透明如水晶的滴胶标本，将鲜花盛放的美永久封存。

制作步骤

准备好滴胶模具，保持内部干净。

将按比例调配好的AB胶缓慢倒入模具里。

倒入胶的量占模具体积的1/3后，停止倒入，检查一下有无气泡，有气泡的话及时清除掉。

选择一朵干燥保色好的，花朵完整、大小合适的蔷薇花。

将蔷薇花的花头向下，轻轻放入模具里。

花朵接触到胶液，不用按压，花朵整体直立即可。

可选用多种多样的模具与花材来制作。

将放入花材的模具放在一个水平桌面上，用透明罩子盖好，隔绝灰尘和水分。罩子里可以放些干燥剂，让花材保持干燥。

过20个小时左右后，将调配好的AB胶从花材的一边缓慢倒入模具里，直至整个模具倒满，检查一下有无气泡，有的话用牙签挑除即可。

继续用罩子罩好。

过20个小时后，把模具脱离，检查胶的包裹情况，有无残缺。一个立体蔷薇花滴胶标本摆件就完成了。

其他花朵滴胶标本

夏天

春之后，就迎来了绿肥红瘦的夏天。

天地万物经历了冬天无声的酝酿、春天温暖的醒来，

终于等来了繁茂。

立夏节气押花——蔷薇

（公历5月5—7日）

　　立夏时节，是蔷薇花盛开的季节。刘禹锡曾作蔷薇诗句："似锦如霞色，连春接夏开。"白居易也曾写道："瓮头竹叶经春熟，阶底蔷薇入夏开。"都是形容蔷薇花在春夏之交灿烂绽放。夏日黄昏，清风徐来，蔷薇花如云霞般盛开，甜蜜的花香带来浪漫的气息。

🌿 弯月形蔷薇押花画

　　蔷薇花是初夏时节当之无愧的主角。立夏之后，花架上、墙垣上，一片片蔷薇花进入盛花期，大大小小各种品种的蔷薇花灿烂绽放。取几朵蔷薇花与月季、绣球等搭配，亲手制作一幅色调温柔的押花画，纪念这个蔷薇盛开的浪漫初夏。

花材

① 蔷薇花（旋转木马）

② 红色月季花瓣

③ '红袖'月季花瓣

④ 小蔷薇

⑤ 绣球花

⑥ 铁线蕨叶

⑦ 重瓣绣线菊

⑧ 松风草（臭节草）

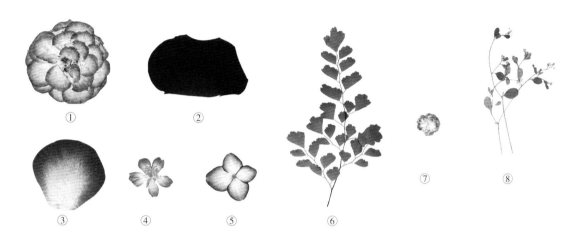

制作步骤

选用压制好的玫红色'红袖'月季花瓣。压制时不同大小的花瓣都需要压，压时不用刻意展平花瓣，自然带有折叠的效果比较好，有层次感。

选用压制好的大红色月季花瓣，剪成大大小小的钝角三角形、梯形。

用一片玫红色大花瓣做底。

用三片大红色小碎片搭成三角形。

在三角形中心加入小碎梯形或者钝角三角形。

外围继续加大一些的红色月季碎片，相互间留有一点点空隙。

加更大一些的梯形。

剪一些'红袖'月季花瓣边缘颜色深的部分，继续在外围贴。

将作为底托的花瓣边缘剪掉，左右中加一片自带折叠的'红袖'月季花瓣。

在内部继续加花瓣，层次感一层一层丰富，这朵含苞待放的玫瑰花就完成了。

可以手动折叠花瓣，增加花瓣立体感。

再做两朵开度大的花。花朵开度大，那花心就收拢小即可。

用铁线蕨做一个弯月形。

将三朵做好的蔷薇花作为主花，三朵错落开，避免一条直线摆放。

加入三朵整体压制好的蔷薇花和松风草叶，让画面丰富灵动起来。

继续加入小蔷薇花和重瓣绣线菊花等小配花，让整体层次感、立体感更强，作品就完成了。

其他蔷薇押花画

荷花押花冰箱贴

　　孟浩然在《夏日浮舟过陈大水亭》写道："水亭凉气多，闲棹晚来过。涧影见松竹，潭香闻芰荷。"小满过后，天气日渐炎热，水中朵朵荷花初绽，给人带来清凉的感觉。摘一朵荷花，和其他粉色小花、鲜绿叶片一起制成清新透明的押花冰箱贴，将清凉的感觉带到家居空间之中。

花材

① 荷花花瓣
② 美女樱
③ 铁线蕨

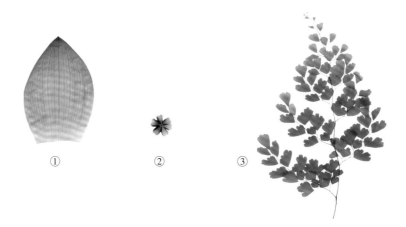

① ② ③

制作步骤

选一个圆形带胶的冰箱贴。

把带胶面的离型纸撕掉。

贴上压制好的荷花花瓣作为背景色。

用剪刀沿着花瓣边缘剪去超出冰箱贴边缘的多余部分。

贴好的花瓣。纹路清晰可见。

加入铁线蕨枝叶。尽量都选择薄的花材。

贴上铁线蕨，三两呼应，使画面丰富。

再加入美女樱，成三角形构图，错落分布。

花材贴制完成，粉绿色画面清新温柔。

挤上UV胶，根据冰箱贴大小控制好胶量，注意滴胶过程中避免产生气泡。

如有气泡，用牙签挑出。

轻缓地将玻璃盖片盖上，玻璃片会将胶压到周边，整体包裹住花材。

将冰箱贴放到紫光灯下照8分钟左右，使UV胶烤干固化，作品完成。

其他押花冰箱贴作品

芒种节气押花——萱草
（公历6月5—7日）

　　"高高的青山上，萱草花开放，采一朵送给我，小小的姑娘，把它别在你的发梢，捧在我心上……"萱草花是一种温柔而有力量的花，是中国传统的母亲花。芒种时节，正是萱草花盛放的季节，采集萱草的花叶做成一幅画，送给最爱的母亲。

南天竹果实滴胶押花耳饰

南天竹的成熟果实圆润、红艳、美丽，如同一颗颗红色的宝石。将其干燥处理后制成精美的滴胶押花耳饰，用大自然馈赠的美点缀女孩子的耳际。

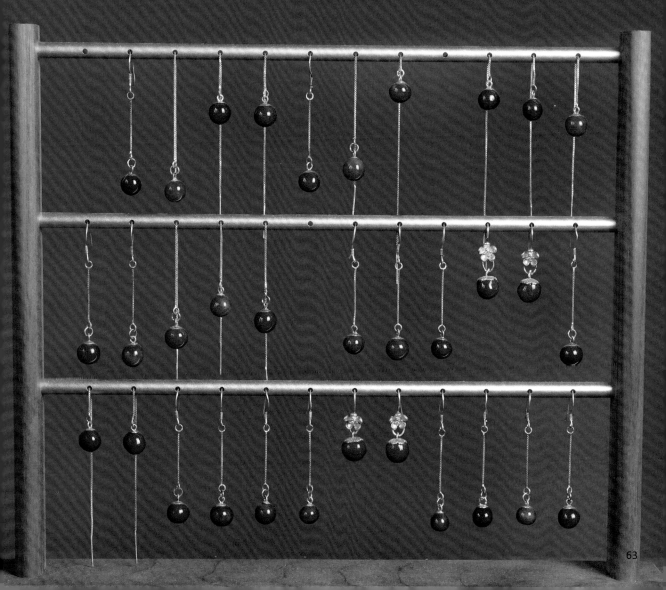

选取用干燥沙干燥保色处理好的南天竹果实。

用纯银的粘扣托的尖头把南天竹果柄处戳个洞。

把UV胶挤半滴在银托的尖头上。

将带胶的银托尖头与果子的果柄处穿接后，用紫光灯照射固定好。

在果子上滴1滴UV胶，胶多了容易流掉。

用牙签把胶均匀地引留，直至包裹住整个果子，过程中如有气泡，及时挑出。

送入紫光灯下固化，刚送进去时用镊子夹好银托不断转动烤15秒，别让胶堆积在一处。

胶基本固化后，将其挂在牙签上，静置于紫光灯下继续烤。

取出果子，检查涂的第一层胶是否完好。

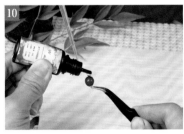

接着涂第二层胶，也是滴1滴，重复步骤5~8的流程，一共涂裹4~5次（涂少了容易捏坏，涂多了显得厚大），最后一次多烤烤，直到胶触摸无黏手感。

做好的一对。

用纯银流苏耳线串接起来，一款古典风的耳坠就完成了。

还可以做成耳钉款，非常日常百搭。

自然界的各种花草果实都可以做成耳饰，下面是一些其他的押花滴胶耳饰。有兴趣的朋友们可以自己多多尝试，实现耳饰自由。

夏至节气押花——绣球

　　初夏的期待，是等待绣球花开，期待掉进绣球花开无尽夏的温柔浪漫里，与花海撞个满怀。夏至过后，就迎来了绣球的主场。绣球花一团团、一簇簇，开得热烈而璀璨，生如夏花般灿烂的夏花想必就是说的绣球花吧。

🌿 押花帆布袋

采集自然界的花叶，押制成一幅充满生机的植物图画，贴于质朴的帆布袋上，普通的帆布袋瞬间变身自然风高定包袋，自然的气息扑面而来。

花材

① 波斯菊　　　⑤ 独行菜（绿铃草）

② 绣球花　　　⑥ 铁线蕨

③ 香薷　　　　⑦ 蕨叶

④ 黄芩

①　　②　　③　　④　　⑤　　⑥　　⑦

制作步骤

准备一个净色防水帆布袋。

居中位置贴上一张双面胶纸，把离型纸撕掉。

贴上蕨叶打底。将其高低错落地放置在胶膜范围内。

错落地加入其他线条形及朵状花材，让画面丰富、有层次。

贴上一张跟离型纸一样大小的亚光冷裱膜，边贴边压，将其赶平，避免产生气泡和褶皱。完成。

小暑节气押花——木槿
（公历7月6—8日）

唐代钱起在《避暑纳凉》中写道："木槿花开畏日长，时摇轻扇倚绳床。"小暑时节，是木槿花开得最灿烂的时候，此时天气炎热，宜平心静气、少动多静。不妨在室内坐下来，安静地用木槿花做一幅押花画，让心沉静下来，感受白居易诗作"热散由心静，凉生为室空"中"心静自然凉"的真谛。

🌿 向日葵押花滴胶胸针/摆件

　　盛夏时节，向日葵如骄阳般灿烂盛开，明亮的金黄色给人以充满生命活力的感觉。选取小型、单瓣的迷你向日葵，整体干燥保色后，制成滴胶胸针或摆件，将这轮灿烂的"小太阳"带到身边。

制作步骤

选取干燥好的迷你向日葵。

在花心处滴上UV胶。

放到紫光灯下固化。

在背后花萼部分也滴上UV胶。

放在紫光灯下固化。

在花瓣正面、背面都涂裹上UV胶，在紫光灯下固化。重复2～3遍涂胶、固化的步骤，过程中注意避免产生气泡。

在花萼部分滴上UV胶。

把大小合适的一片胸针磁铁片固定在滴好UV胶的花萼处，之后放在紫光灯下固化。

再取一块磁铁片，两块磁铁片可相互吸住。

正面效果。可用作胸针，两块磁铁片隔着一层衣物也可以吸合，不会破坏衣物。

选用一个木底托铁丝小摆件。

磁铁片可跟铁丝吸合。

转过正面，就可以当作桌面小摆件。

🌿 滴胶押花文具尺

尺子是学生学习期间常备的文具，用滴胶和取自自然界的清新花叶，亲手制作一套滴胶押花文具尺，为学习的时光增添一些色彩和乐趣。

花材

① 蕨叶

② 马鞭草花

③ 蒿叶

④ 铁线蕨

① ② ③ ④

制作步骤

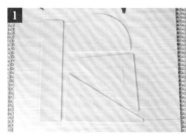

准备一套滴胶文具模具，把模具里的灰尘和异物清理干净。

把压制好的蕨叶撕成小块放入模具中，放的时候注意不要遮到刻度。

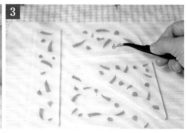

再加入压制好的小片的铁线蕨叶，丰富内容。

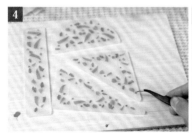

加入压制好的撕成小片的蒿叶和马鞭草花朵。

倒入混合好的AB胶，倒满模具凹槽即可，过多过少都不行，胶量的控制可以少量多次。

清除完气泡后，移到水平的地方，用密封箱罩好，防灰尘，一定程度上也隔离了空气中的水分子。

等待24小时左右后，脱模即可。

大暑节气押花——天竺葵
（公历7月22—24日）

　　天竺葵的花语是：偶然的相遇，幸福就在身边。遇见一朵花开、养一朵花开，是幸福的；时光安然处，压好一丛簇拥着盛开的天竺葵，也是幸福的。等到最热的时节过去，就到了丰收的日子，收获满满的幸福。

莲蓬滴胶杯垫

杨万里在《感兴》一诗中写道："荷花正闹莲蓬嫩，月下松醪且满斟。"大暑时节，正是鲜嫩莲蓬上市的时节，吃完莲子后剩下的嫩莲蓬，可以废物利用，押制成独特的滴胶杯垫，为家居生活增添一抹应季的美。

制作步骤

准备新鲜的莲蓬。

把莲蓬顶部用美工刀完整取下，用押花器压干。

在压干后的莲蓬正面涂上UV胶。

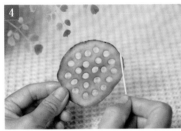

用牙签把莲蓬边缘和莲孔内均涂裹上胶。

放在紫光灯下固化5分钟。

背面也涂上胶，放在紫光灯下固化。

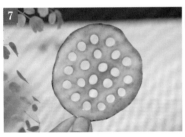

取出莲蓬，重复步骤3~7，继续涂上2层UV胶，固化。

作品完成。

🦋 绣球花押花团扇

　　炎热的夏天，扇子是必不可少的降暑神器。亲手采集自然界的花草，打造一把古风押花团扇，不仅能扇风，还是搭配利器，可以带着它拍美美的旗袍照或汉服照，温婉柔美的气息扑面而来。

制作步骤

1 在一把空白团扇上错落有致地贴上压制好的绣球花。

2 准备喷胶和裁剪好的衬布膜。

3 把衬布膜垫在干净的纸板上，将喷胶均匀地喷在衬布膜上。

4 把喷有胶的一面覆盖在贴好花的团扇上，覆盖的时候注意把褶皱拉平。

5 裁去边缘多余的衬布膜。

6 挤出玻璃胶，只涂在有花材的地方，用量不宜过多，可以少量多次挤用。

7 用手指轻轻涂开，待花材清晰呈现，即可涂下一朵。

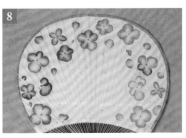

8 对比一下，左边是涂过的，右边没有涂。涂上玻璃胶会让花材清晰一些，也是增加一层保护膜。

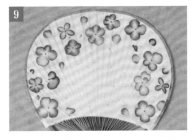

9 全部涂好后的样子。可根据个人喜好全涂或者选择其中的一部分涂，让花材有明有暗。作品完成。

秋天

秋天是万物从繁茂成长走向丰硕成熟的季节。

秋叶的绚丽不逊于春花。阿尔贝·加缪说：

『秋是第二个春，此时，每一片叶子都是一朵鲜花。』

立秋节气押花——蓼
（公历8月7—9日）

　　"数枝红蓼醉清秋""十分秋色无人管，半属芦花半蓼花。""秋色在何许，蓼花含浅红。"每一首关于蓼的诗句，都写尽了秋的恬静清雅。取一丛蓼花入画，秋的意蕴从画中弥漫开来。

🌿 不规则押花滴胶杯垫

秋日里，将各种颜色、各种形状的叶片封入滴胶之中，做成自然气息满满的不规则押花滴胶杯垫，将大自然的美封印进日常生活之中。

花材

① 蕨叶
② 乌桕叶
③ 蒿叶
④ 铁线蕨叶

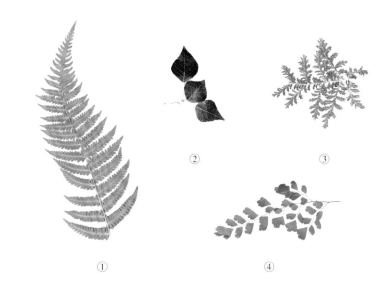

② ③

① ④

制作步骤

在滴胶模具里倒入按比例混合好的
AB胶，挑出气泡。

缓慢放入压制好的各种叶片，避免
胶与叶片之间产生气泡。

用罩子罩好，避免落入灰尘。等待
一天。

然后第二次配AB胶，在凹槽内倒满胶，挑出气泡。

再用罩子罩好等待一天。

胶彻底干燥后，脱模。杯垫边沿如有胶不平滑的地方，可用打磨抛光纸打磨处理。完成。

处暑节气押花——翠雀和铁线莲
（公历8月22—24日）

"离离暑云散，袅袅凉风起。"处暑时节，暑气消散，凉风渐起，凉爽的气候让人身心舒爽。在宁静的午后，选用清新的蓝色翠雀和雅致的紫色铁线莲，压干后做成一幅集合画，置于室内一角，营造出秋日的空灵气质。

瓶花押花画

　　秋高气爽的时节里，选用蓝紫色调的花打造成一幅精美的押花画，不刺眼、不张扬，在晴空般的蓝色和神秘的深紫色中，找寻一份秋日的宁静。

花材

① 康乃馨

② 粉色飞燕草

③ 蓝色小飞燕草

④ 禾叶大戟（飘雪）

⑤ 鼠曲草

⑥ 风船葛

⑦ 野豌豆

⑧ 蕨叶

⑨ 蛇莓叶

制作步骤

用硬纸壳剪出一个花瓶形状，大小、形状根据需求而定，在上面贴满双面胶。

在花瓶上贴满粉色飞燕草花，贴的时候可以用花朵的深浅颜色来表现明暗变化。

用蕨叶打底，贴叶片时注意前后关系，做出层次感。

加上风船葛的细枝，增加画面灵动感。

配上三五支野豌豆花。

放上主花康乃馨，用不同开度的花朵，让整体更自然。

7

最后搭配配花小飞燕草，让整
体效果更丰满。作品完成。

其他拼贴押花画作品

白露节气押花——芦苇

（公历9月7—9日）

　　"白露秋风夜，雁南飞一行。"白露时节，天气渐渐凉爽，昼夜温差变大，鸿雁自北开始向南飞。此时正是芦苇花开的季节，"蒹葭苍苍，白露为霜"中的蒹葭即芦苇。押一幅夕阳下的芦苇画，将秋天的温柔封印于画框中。

自然风花束押花画

　　选用花朵小巧的花材，压制成一束自然风的捧花，温暖和煦的黄色和高贵清冷的紫色的撞色，让画面呈现出优雅的氛围，整体装饰效果满分。

花材

① 蓝星花（天蓝尖瓣木）

② 绣线菊

③ 羽叶薰衣草

④ 蒿叶

⑤ 勿忘草

⑥ 百脉根

⑦ 仙鹤草（龙牙草）

⑧ 广布野豌豆须

⑨ 蕨叶

制作步骤

1	2	3

用一截双面胶作为固定载体贴花束枝，先做一个八字，在八字中间加枝条，八字顶作为手抓点。	八字中间为直枝，两边顺应八字撇捻走，下面枝条参差不齐会比较自然。制作完成后连着双面胶一起贴到卡纸上。	用百脉根的细枝条把花束形状确定出来，上面枝条向四周垂散开，手抓点处，利用枝条弧度，摆放出向上生长的势头。

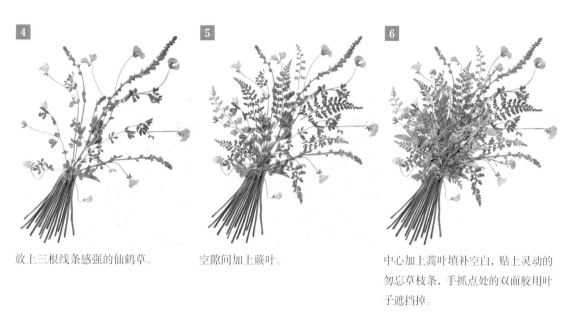

4
放上三根线条感强的仙鹤草。

5
空隙间加上蕨叶。

6
中心加上蒿叶填补空白，贴上灵动的勿忘草枝条，手抓点处的双面胶用叶子遮挡掉。

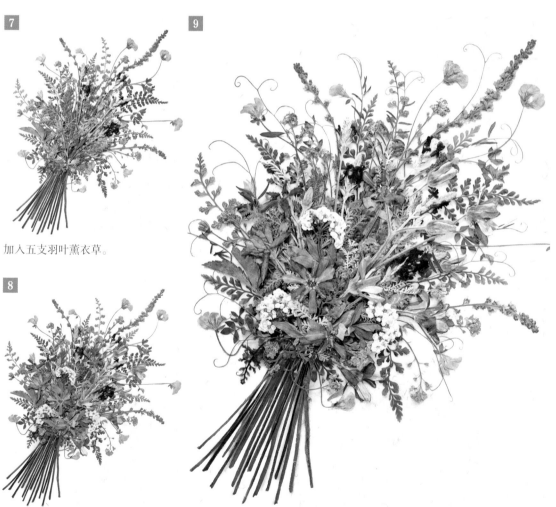

7
加入五支羽叶薰衣草。

8
在正面、侧面贴上重瓣蓝星花，空隙间加入几支绣线菊和勿忘草，使层次更丰富些。

9
周边加入广布野豌豆的卷须，让花束整体轮廓更自然。作品完成。

其他花束押花画作品

秋分节气押花——菊花
（公历9月22—24日）

　　"寒花开已尽，菊蕊独盈枝。"秋分时节，大部分花儿都凋谢了，菊花却在这时大放光彩！这个时节适宜赏菊登高，饮菊花酒、菊花茶，或者坐下来，安静地押一幅菊花画，留住菊花迎着寒风怒放的姿态。

秋日硕果押花画

秋天是果实成熟的季节。用红艳的蔷薇花瓣打孔，做出一颗颗红果子，与压制好
的花枝组合成一幅硕果累累的秋日景象。

花材

① 细梗胡枝子
② 红蔷薇
③ 蓍草

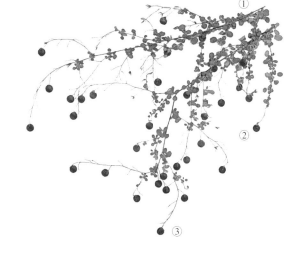

制作步骤

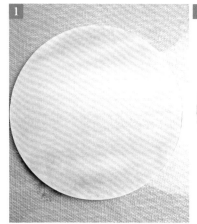

在布纹卡纸上涂色，上下颜色暗，中间部分浅，使画面有景深效果。

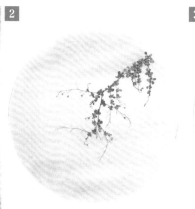

将一枝细梗胡枝子枝自右上角自然垂下，使枝条大部分置于背景浅色区。

再加一枝细梗胡枝子，使整体画面及层次饱满。

将红蔷薇花瓣摘下。

把花瓣放进手动打孔器的打孔处，手动按压即可得到小圆片，作为红果，此方法方便快捷。

制作完成的红色圆果了。

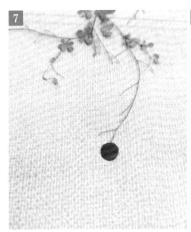

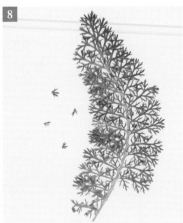

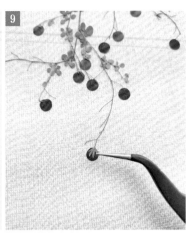

将圆果疏密有致地粘贴到的枝梢，和自然界中的果实一样，随着枝梢自然垂落下来。

把蓍叶剪下作为果子上方的萼片。

将蓍叶稍粘贴到枝梢和果子的连接处。

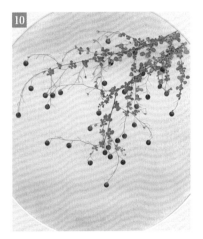

作品完成。

其他秋日硕果押花画

打孔器使用扩展案例

扩展案例1 鞭叶铁线蕨去叶后从中间向两端渐低排列，上方贴上用打孔器打好的蓝紫色飞燕草圆瓣。

扩展扩展2 将飞燕草的花瓣换成珍珠金合欢（珍珠相思）的花球也很美，可根据个人喜好随意切换圆果颜色。

寒露节气押花——榉树

（公历10月8—9日）

"树树皆秋色，山山唯落晖。"寒露时节，一棵棵榉树的叶片已渐渐变成红褐色，在明媚的阳光下如春花般灿烂，与枫树、银杏、黄栌等一起装扮整个秋天。赶在它们飘落之前采下三两小枝押起，即可留住这份秋天特有的美好。

葡萄押花画

"露浓压架葡萄熟""翠瓜碧李沈玉瓮，赤梨葡萄寒露成"。
寒露前后是葡萄收获的季节，在品尝这份美味的同时，坐下来押制
一幅自带玫瑰香气的葡萄押花画，是不是就更有氛围感了呢？

花材

① 葡萄叶

② 红月季花瓣

③ '红袖'月季花瓣

④ 蕾丝花

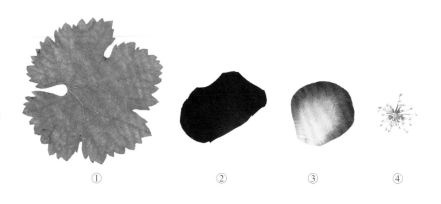

① ② ③ ④

制作步骤

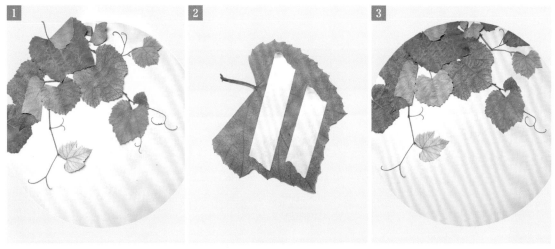

1 先将葡萄藤在背景纸上试着摆放一下，打个草稿。藤蔓从左上往右下延伸，整体有自然往下垂的感觉。

2 葡萄叶子比较宽，可以用双面胶来贴。

3 按照打草稿时的形态贴好，基部叶子多，向下主要是卷须和小叶子。

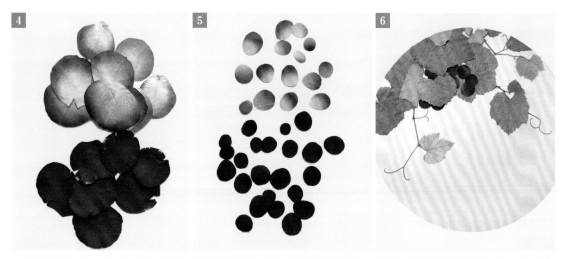

4 选用压干的红月季和'红袖'月季两个色的花瓣。

5 把月季花瓣剪成大大小小的椭圆状作为"葡萄"，注意边上不要有小棱角。

6 将深色圆瓣穿插到葡萄叶下，组合出一个葡萄延伸的基点。

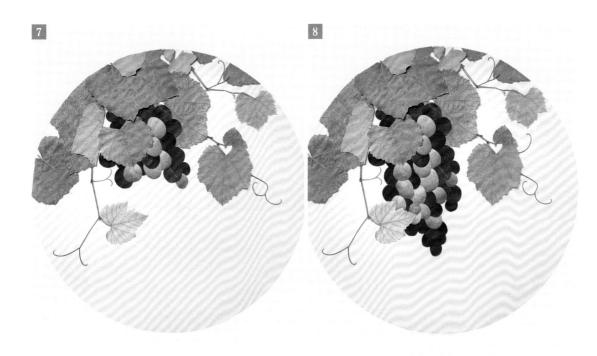

边上用深色花瓣参差叠放，中间穿插浅色花瓣。

最后叠放到尖端，渐少渐尖。

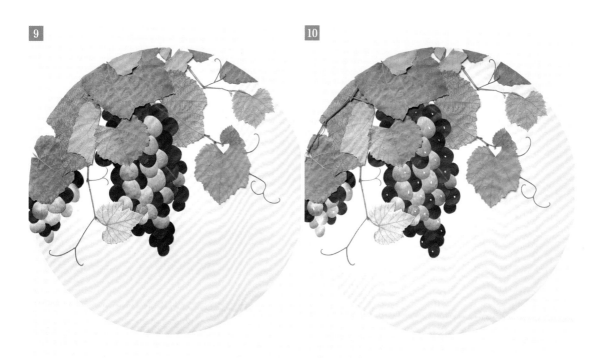

左边再做一串小的，作为呼应，增加画面饱满度。

在花瓣上贴上白色蕾丝花瓣作为高光点。作品完成。

霜降节气押花——枫叶
（公历10月23—24日）

"枫叶经霜红更好，晚来扶杖过前村。"经霜洗礼过的枫叶红得更好了，拾起几片，做成滴胶手机壳，随身携带，秒变一位秋天的代言人。

🌿 花环押花画

　　"一年好景君须记，最是橙黄橘绿时。"霜降正是苏轼诗中橙子金黄、橘子青绿的最美的时节。从"橙黄橘绿"的色调中获取灵感，打造成这幅简单明快的花环押花画，加一点点蓝紫色对比色，明朗的感觉立马呈现。

花材

① 姬小菊
② 千叶吊兰
③ 绣线菊
④ 吉普赛满天星
　　（细小石头花）
⑤ 复色向日葵花瓣
⑥ 报春花
⑦ 舞春花

① ② ③ ④

⑤ ⑥ ⑦

制作步骤

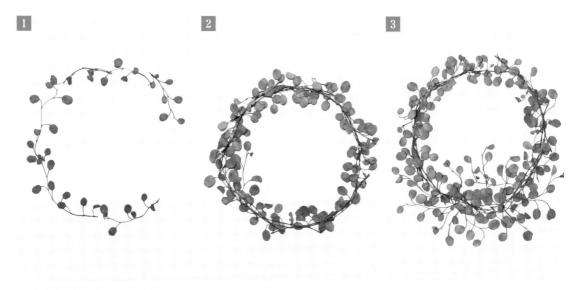

1　用千叶吊兰做基底，围一个藤环。

2　继续用叶材把圈丰满起来，藤环尽量紧凑一些。

3　藤环下方用千叶吊兰，以中心为基点，顺藤环两段铺展开。

把姬小菊沿着底部错落点缀在藤环上，小花苞在上，大花在下。

把不同朝向的舞春花错落放置在花环上。花量比其他花多一些。因为其颜色很提亮、比较有活力。

在空缺焦点放两朵报春花，明确焦点花。

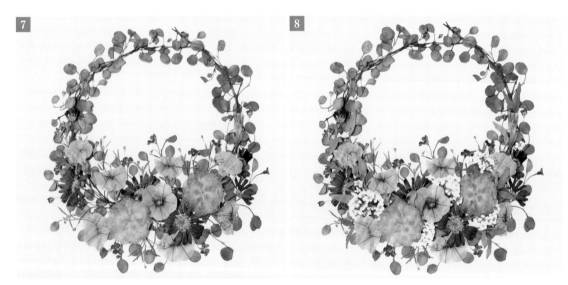

把吉普赛满天星花枝穿插点缀到花环上，增加画面丰富度。

再用绣线菊填补空隙，使整体更加丰满。白色绣线菊也有调和、过渡色彩的作用。

蝴蝶结制作。先在白纸上画一个蝴蝶结，剪下来，用复色向日葵花瓣从上往下贴好，注意阴影纹理的运用。之后剪两小条有明显阴影色的条瓣贴在结处。

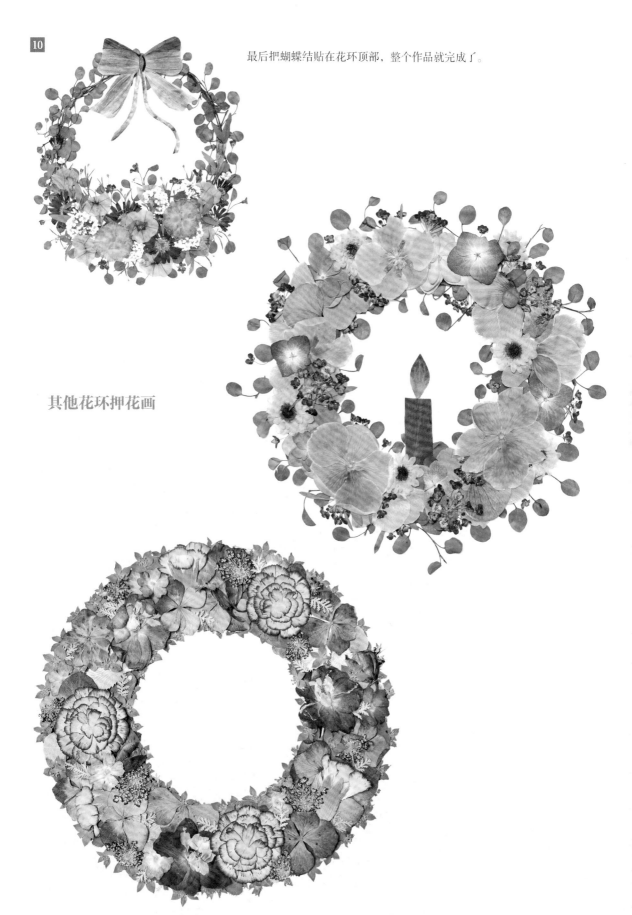

10

最后把蝴蝶结贴在花环顶部，整个作品就完成了。

其他花环押花画

冬天

『秋去冬来万物休，唯有柿树挂灯笼。』霜降一过，冬天就来到了。此时万物都在凋零，唯有红艳艳的柿子，美得不可方物，像一盏盏红红的灯笼，挂满枝头，给冷清的天气增添一抹暖橙色。

立冬节气押花——黄槐决明
（公历11月7—8日）

　　喜欢黄槐决明，开花的时候，洋洋洒洒，满树金黄。被它黄色的花瓣吸引，明媚的暖调，蕴藏着生生不息的生命活力，压干后，简单的花朵排列在一起，就能给人满满的治愈感。

🌿 枝头小鸟押花画

花材

① 黄色非洲菊
② 橙色非洲菊
③ 兔尾草
④ 榉树叶
⑤ 枯叶
⑥ 茄子皮

制作步骤

打印2份小鸟底稿。

拿一张底稿,在背面把树枝轮廓照着描出来。

翻过来正面,将枝干处都粘上双面胶。

把双面胶的离型纸撕掉。

选择黑咖色的枯叶,压干压平。

把叶子剪成小片,粘贴到枝干处。

再翻到背面,用刻刀沿着描绘的线条划刻。

划刻下来的枝干。

将另外一张打印好底稿上的小鸟剪下,照着这个鸟的模型贴出小鸟。

10 选择橙色和黄色非洲菊花瓣来做小鸟的羽毛。

11 鸟身上粘上双面胶，用橙色非洲菊花瓣做小鸟的尾羽，注意好层次。

12 将黄色花瓣剪成细线条贴在橙色花瓣上。

13 用小一点的橙色花瓣贴内侧的翅膀。

14 再贴外侧的翅膀。

15 用大一些的橙色花瓣贴翅膀的基部。

16 选用漂白后的兔尾草。

17 把兔尾草的长毛拔掉，只留短绒毛。左边是拔过的，右边是没有拔过的，用拔过的做出来更细腻些。

18 将处理好的兔尾草分解成小撮。

19 将分解好的兔尾草一层层贴到鸟的背部，注意毛的方向向后。

20 接着贴鸟肚子，贴到鸟脖子处时留一圈。

21 用马克笔或记号笔把兔尾草染成黑色。

把染黑的兔尾草贴在鸟脖子和头部。

鸟的脚、嘴巴、眼睛也贴上黑咖色叶子后剪下。

将剪下的鸟嘴贴上，再在头部贴上白色兔尾草。

贴上步骤23剪下的鸟眼睛。

在眼珠上加一点点白色花瓣碎末，小鸟就做好了。

把做好的枝干和小鸟对应位置粘贴在国画宣纸上。

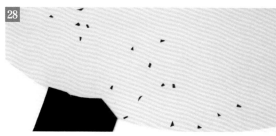

把茄子皮剪成小碎块。

然后把小碎块零散粘贴到树干上。

将叶子剪掉一边，然后折起粘贴好，再剪去一弧形条，营造自然的折合效果。

把榉树叶子零散贴到枝干上，作品完成。

其他枝头小鸟押花作品

小雪节气押花——茶梅
（公历11月22—23日）

　　宋代刘仕亨的《咏茶梅花》中写道："小院犹寒未暖时，海红花发昼迟迟，半深半浅东风里，好是徐熙带雪枝。"诗中的海红花指的就是茶梅。茶梅是初冬最美的一种花，气韵优雅，浓淡有致，清新洒脱。随着小雪节气的到来，气温骤降，在孕育了大半年的蕾苞之后，茶梅开始悄然绽放，昂然挺立于东风中。

押花画的密封方法

做好的押花画要想长久观赏，需要做好密封保色工作，防潮、防氧化、防紫外线、防虫蛀等。下面介绍2种押花画的密封方法。

押花画普通密封法

这种方法操作简单，适合新手，但密封性一般，保色效果较差。

工具材料

待密封的押花画、玻璃相框、干燥纸板、铝箔胶纸、铝箔胶带、剪刀、尺子、镊子等

注：制作好待密封装裱的押花画，在装裱前需放在有干燥剂的密封袋里干燥12个小时及以上。

密封步骤

根据需要的尺寸裁剪好铝箔胶纸和铝箔胶带。

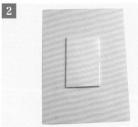

将干燥的干燥片贴于押花画的背面。

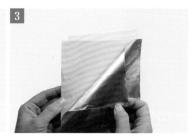

把按照玻璃大小裁剪好的铝箔胶纸撕去离型纸。

将铝箔胶纸对齐贴在贴好干燥片的押花画背面。

用尺子或者硬卡刮铝箔胶纸，赶走气泡，使其更好地与画粘贴。

把相框玻璃擦拭干净。

将相框玻璃对齐押花画表面放置。

用铝箔胶带沿着一个边粘贴，玻璃面留3mm左右宽即可，太宽影响美观，太窄密封性差。

正面边贴好按平。

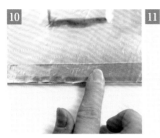  

| 10 多出来的铝箔胶带压扣至背面，用硬卡刮平。 | 11 贴好一面的正面效果。 | 12 另外三面重复8～10的步骤贴好。 | 13 全部密封好后的背面效果。 |

将密封后的押花画装入相框，如果有铝箔漏出，可以加一个框纸遮挡，也可用美工刀沿着漏出部分轻轻划开，取下多余部分。完成。

押花画真空密封法

这种方法操作较复杂，但密封性很好、保色效果好，是专业押花师常用的方法，推荐使用。

密封步骤

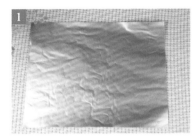

裁剪一张跟玻璃一样大小的铝箔纸放在桌面上（铝箔纸选用有一个面是塑化过的）。

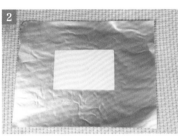

把干燥的干燥片用双面胶粘在铝箔纸上。

在干燥片上铺一张棉柔纸巾，起隔垫缓冲作用。

把押花画放在铝箔纸中间位置，四边留1.5cm左右。

把玻璃胶打在四边铝箔的中间位置，注意打胶的时候一气呵成，尽量一边一条完整的胶，如果断胶，继续打胶时断处要连接好。

把擦干净的玻璃对齐铝箔纸放好。

抬起一边，从背后均匀按压胶使之与玻璃贴合。

按压后快速夹上一字夹，防止脱胶。

全部按压完，夹好一字夹，留一个角来插真空机的管子。

把真空机的管子插入押花画右下方的角，插入长度3cm左右即可，按压使胶与玻璃贴合，然后按下真空机开关，里面的空气会快速被抽出，待看到铝箔纸与画、画与玻璃非常贴合即可停止抽真空，一只手快准稳地抽出真空管，另外一只手按压好，抽出管子后快速把胶赶压均匀（这一步比较重要也比较难，掌握后多实践才能熟能生巧）。

抽完真空后，整体用一字夹夹好，放在桌面上，静置一天。

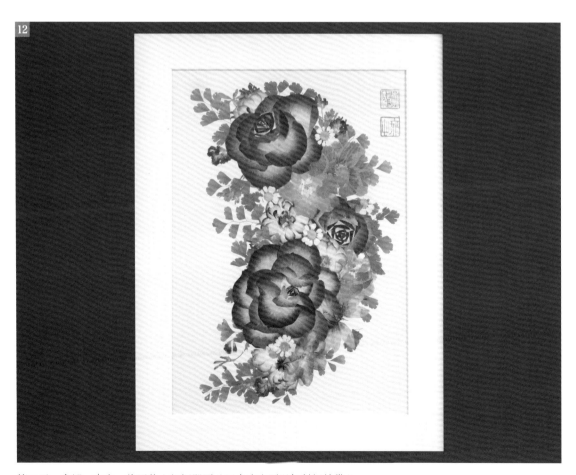

第二天，拿掉一字夹，将画装入相框即可（四个边也可以加封铝箔带）。

大雪节气押花——竹
（公历12月6—8日）

　　大雪时节，天气更冷，降雪的概率增大，此时外界自然开放的植物已少，而竹子依然挺拔翠绿，用红叶象腿蕉叶押制一幅竹，有了几分风骨与水墨感。

冬至节气押花
——冬藏
（公历12月21—23日）

冬至的『至』是极致的意思，古语说秋收冬藏，到冬至冬藏之气达到极致。之前的季节已经收集了四季的花草，现在可以藏于户内，围炉煮茶，慢慢观赏。静坐室内，将四季收集的押花花材慢慢压成画，静享慢时光。

小寒节气押花——蜡梅
（公历1月5—7日）

　　"几点瘦影横窗，著意不须颜色，寻它一段幽香。"踏雪寻梅，在万物凋零的冬季，蜡梅在树梢上星星点点地盛开。用元宝槭叶剪成蜡梅花的形状，像长在树枝上，还吐露着点点寒香。

大寒节气押花——兰

（公历1月20—21日）

　　"春鸟依谷暄，紫兰含幽色。"大寒是冬天最后一个节气，大寒之后，冬去春来，春兰也就在这个时节开始进入花期。压制一幅紫花的兰花画，空谷幽兰的静雅气息跃然纸上。